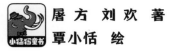

屠方 刘欢 著
覃小恬 绘

你好，中国的房子
京族的石条房

電子工業出版社·

Publishing House of Electronics Industry

北京·BEIJING

　　京族是我国人口较少的少数民族，主要聚居在广西壮族自治区防城港的
京族三岛：巫头岛、山心岛、万尾岛。

京族是我国南方唯一的海洋民族，以捕鱼为生。虽然人口稀少，但他们依托丰富的海洋资源，如矿产、盐田等，经济水平较高。

京族人生活在海岛上，因而常常受到台风的影响。为了减少台风对村庄的破坏，京族人在村落周围种植高大茂盛的树木来阻挡台风，从而保护村庄、农田和盐场。

京族人热爱生活，他们在门
前屋后种植花草，美化居住
环境。

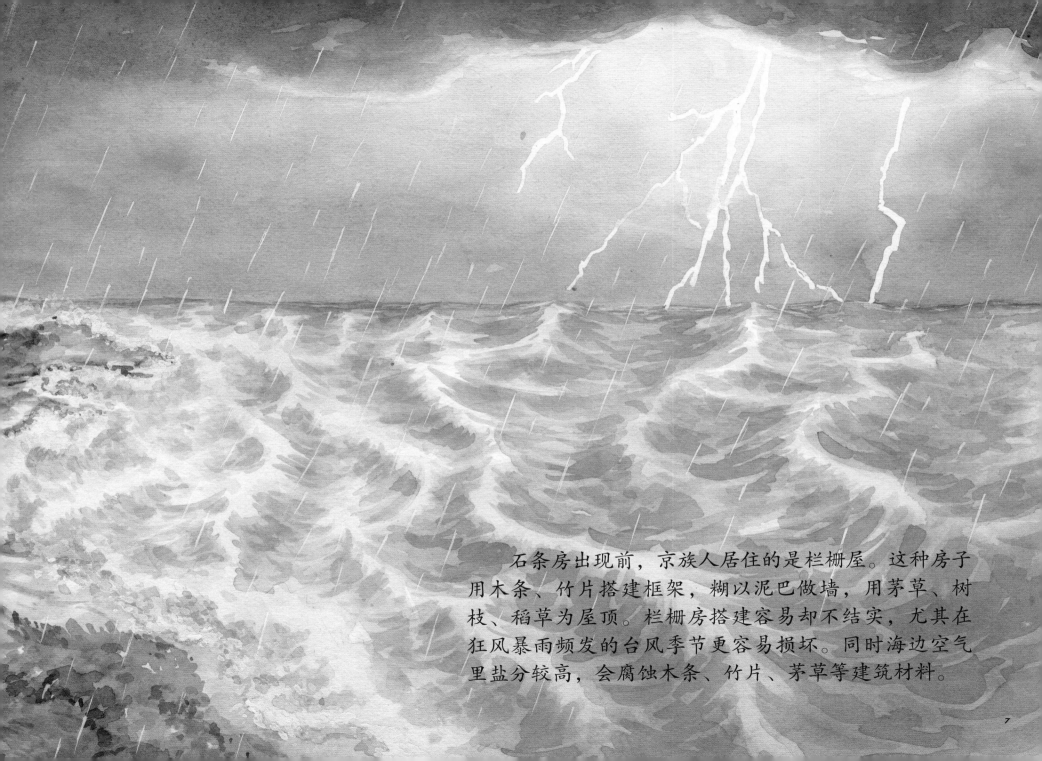

　　石条房出现前，京族人居住的是栏栅屋。这种房子用木条、竹片搭建框架，糊以泥巴做墙，用茅草、树枝、稻草为屋顶。栏栅房搭建容易却不结实，尤其在狂风暴雨频发的台风季节更容易损坏。同时海边空气里盐分较高，会腐蚀木条、竹片、茅草等建筑材料。

京族人在长期的实践中发现，用石条修筑的房子坚固耐用而且抗风，非常适合沿海生活。石条房是一栋栋独立的长方形建筑，是在压平、压实的地基上用灰白色石条和瓦片修建而成的。每根石条长约75厘米，宽约25厘米，高约20厘米。

屋顶上覆盖着瓦片，瓦片上压着小石条，防止台风将瓦片吹走。

　　室内一般分左、中、右三个房间，房间之间用石条或竹木板隔开。房间前有一条过道从左到右贯穿整个室内。墙角摆放着农耕用具、捕捞工具等生产生活用的家什杂物。

　　正中的房间为堂屋，堂屋是京族人吃饭、聊天、招待客人的地方。京族人很注重家庭文化的传承，他们孝敬长辈、教育子女，主动给长辈端茶送水，也很有耐心地陪伴孩子学习。

到了晚上，朗朗的读书声环绕着整个屋子。

左右两边的房间一般为卧室和厨房。

　　如果家庭成员较多，就把厨房改造成卧室，在房子外搭建一个独立厨房。为了照顾老人，子女会住在距离厨房近的房间，方便给老人做饭。

当孩子长到十五六岁的时候，长辈们会教孩子们制作渔具，向他们传授各种捕鱼的技巧，还会带着孩子们到海上实践，教授他们观察天气变化、涨潮落潮、鱼汛等自然规律和常识，也会带着他们学习农耕知识，观察农作物生长环境，以及传授管理田间地头的农业技术。

在科技不发达的年代里，京族人靠天吃饭。男人们出海打鱼，少则几天，多则几个月。每当男人们出海时，一家老小都时刻牵挂着他们的安危。堂屋的墙上挂着神位，家人们向神灵祈祷，祈求亲人能平安返航。到了返航时间，留在家里的人会在夜晚来到海边，高举明灯为亲人指明家的方向。

京族人特别讲卫生，室内室外打扫得干干净净。饲养牲畜的家庭在房子附近搭建一个牲畜房，将牲畜和人居住的房子隔离开，再用牲畜的排泄物作为有机肥种植蔬菜瓜果，有利于环境卫生和家人的身体健康。

京族人有个习俗，家中成年子女建立新的家庭后，就会搬离父母的房子。新婚夫妻会新建造一座石条房，作为新家庭的居所。

京族人很孝顺，他们会在离父母家不远
的地方建新房，以便照顾父母长辈。

京族人靠海吃海，他们的生活离不开海洋。在长期的实践中，他们发明了独特的捕捞鱼虾的方式——高跷捕鱼。

男人们脚上踩着高跷，手上拿着长木条制成的渔网，边走边推，鱼虾便收入网中。

女人们在家里将男人们捕获的小鱼虾制作成美味的鱼露。

她们先在洗干净的大缸底部垫上稻草和沙包用于过滤，然后放入洗干净的鱼，一层鱼一层盐，依次铺满一缸。缸满后，在上面压上大石块，盖上盖子，密封发酵。这样产出的鱼露是京族人最珍爱的调味品。

京族人非常团结，邻里乡亲之间相互帮助。在京族人的生产生活中，一直保留着"寄懒"的习俗——一家人如果捕捞了较多的渔获，就会给邻里乡亲都送一点儿。

京族人认为，送出去的渔获越多，意味着"寄懒"越多，自己也会越幸福。

　　越和睦的民族越注重传统文化。哈节是京族重大的节日。在万尾岛，每年的农历六月初十都会举行具有浓郁海洋文化特色的哈节民俗活动。

这一天，村民们身着盛装齐聚哈亭，抬着神架到海边迎神。迎神队伍敲锣打鼓，载歌载舞。他们沿途经过的人家会点香火、放鞭炮，祈祷顺风、顺水、顺意。热情好客的京族人也会邀请游客一同参与，分享他们的节日喜悦。

在哈节上，哈哥（男青年）弹起京族特有的独弦琴，哈妹(女青年)唱起欢快的歌谣为节日助兴。在这个过程中，男女青年通过对歌的方式进行交流。

　　如果他们彼此爱慕，就会相约到沙滩上。男青年会用脚尖把沙撩向对方，表明自己的心意；女子如有意，也会用脚尖把沙踢回去作为回应。这是京族表达爱意的习俗——踢沙。

如今，京族人再也不用冒着危险出海捕鱼了，他们发展起人工养殖产业，并大力开发高品质珍珠产业，还进行规模化水果种植，传统民居石条房也被现代化住房取代。

京族人的生活富裕美满，日子越过越红火。

图书在版编目（CIP）数据

你好，中国的房子. 京族的石条房 / 屠方, 刘欢著；覃小恬绘. -- 北京 : 电子工业出版社, 2022.7
ISBN 978-7-121-43489-1

Ⅰ. ①你… Ⅱ. ①屠… ②刘… ③覃… Ⅲ. ①京族—民居—建筑艺术—中国—少儿读物 Ⅳ. ①TU241.5-49

中国版本图书馆CIP数据核字（2022）第085035号

责任编辑：朱思霖
印　　刷：北京瑞禾彩色印刷有限公司
装　　订：北京瑞禾彩色印刷有限公司
出版发行：电子工业出版社
　　　　　北京市海淀区万寿路173信箱　邮编：100036
开　　本：889×1194　1/16　印张：22.5　字数：97.25千字
版　　次：2022年7月第1版
印　　次：2023年5月第4次印刷
定　　价：200.00元（全10册）

　　凡所购买电子工业出版社图书有缺损问题，请向购买书店调换。若书店售缺，请与本社发行部联系，联系及邮购电话：（010）88254888，88258888。
　　质量投诉请发邮件至zlts@phei.com.cn，盗版侵权举报请发邮件至dbqq@phei.com.cn。
　　本书咨询联系方式：（010）88254161转1859，zhusl@phei.com.cn。